Marie Burger

Unterrichtsstunde: Der tropische Regenwald

Bibliografische Information der Deutschen Nationalbibliothek:

Die Deutsche Bibliothek verzeichnet diese Publikation in der Deutschen National-
bibliografie; detaillierte bibliografische Daten sind im Internet über http://dnb.d-
nb.de/ abrufbar.

Impressum:

Copyright © 2011 GRIN Verlag GmbH
Druck und Bindung: Books on Demand GmbH, Norderstedt Germany
ISBN: 978-3-656-14211-9

Inhaltsverzeichnis

1. Analyse des Lehr- und Lernfeldes

1.1 Lehrkraft und Klasse

Ich unterrichte den Kurs XXX des XXX-Gymnasiums seit Beginn des Schuljahres im Rahmen meines eigenverantwortlichen Unterrichts. Die Lerngruppe setzt sich aus 17 Schülern[1], 9 männlichen und 8 weiblichen, im Alter von 17-19 Jahren zusammen. Von Beginn an zeigte sich die Klasse mir gegenüber offen und freundlich und es besteht ein angenehmes Arbeitsklima. Disziplinprobleme treten in der Regel nicht auf. Insgesamt betrachtet, ist der Kurs nicht besonders leistungsstark. Auffällig ist, dass die Schüler nicht in zufriedenstellendem Maße in der Lage sind, Beiträge angemessen (hochdeutsch) zu artikulieren. Die Lerngruppe zeigt in der mündlichen Beteiligung ein recht heterogenes Leistungsbild, das im Folgenden differenziert dargestellt wird.

XXX präsentiert sich eindeutig als Leistungsträger des Kurses. Er zeigt sowohl quantitativ als auch qualitativ die besten Leistungen und ist seinen Mitschülern oft einen Schritt voraus. Er erfasst neue Unterrichtsinhalte schnell und ist häufig in der Lage Transferleistungen zu erbringen (AfB[2] II-III). XXX muss ich häufig bremsen, um auch dem Rest der Lerngruppe die Möglichkeit zu geben, eine Frage zu durchdenken. Dieses Vorgehen habe ich Manuel in einem persönlichen Gespräch erläutert, um seine Motivation nicht zu mindern.

XXX ist im Unterricht sehr bemüht und beteiligt sich rege. Er neigt allerdings dazu, in Folge seiner generellen Unsicherheit, Sachverhalte durcheinander zu bringen. **XXX** beteiligen sich mittlerweile regelmäßig. Die Qualität ihrer Beiträge ist bei der Reorganisation bekannter Sachverhalte gut, bei Transferleistungen befriedigend (AfB II).

Zurückhaltender zeigen sich **XXX**. Sie beteiligen sich bei Reorganisations- und Reproduktionsfragen. Die Qualität ihrer Beiträge ist in der Regel zufriedenstellend. Diese Schülergruppe ist in der Lage erlernte Sachverhalte im Zusammenhang wiederzugeben und zum Teil auf neue Kontexte zu übertragen (AfB I-II). **XXX** muss ich direkt ansprechen, da sich diese Schüler aus eigenem Antrieb nicht melden. Um ihnen die Gelegenheit zur gelungenen Beteiligung zu geben, nehme ich sie gezielt bei Fragestellungen mit reproduktivem oder reorganisatorischem Charakter an die Reihe. Die Schüler können diese Fragen (AfB I-II) in der Regel zufriedenstellend beantworten, sodass davon auszugehen ist, dass sie dem Unterricht folgen.

XXX ist eine Schülerin, bei der mir die Einschätzung schwerfällt. Sie legt temporär ein abweisendes Verhalten an den Tag, was sich zum Beispiel darin zeigt, dass ich sie dazu auffordern muss, ihre Unterlagen bereit zu legen oder zur Durchführung einer Gruppenarbeit den Platz zu wechseln. Anna hat aber auch Phasen, in denen sie aktiv mitarbeitet und Reproduktionsleistungen durchaus zufriedenstellend erbringt (AfB I). Sie spricht sehr leise und undeutlich, was von

---

[1] Hier und im Folgenden impliziert der Begriff „Schüler" immer auch die weibliche Form.
[2] Die Abkürzung „AfB" steht hier und im Folgenden für „Anforderungsbereich".

den Mitschülern missbilligend kommentiert wird. Auch auf Aufforderung hat sich an diesem Verhalten bisher nichts geändert.

Eine Sonderstellung hat auch **XXX** inne. Der Schüler scheint spielsüchtig zu sein, was in häufigen Fehlstunden und genereller Übermüdung zum Ausdruck kommt. XXX beteiligt sich nur nach Aufforderung. Er kann dann einfache Fragen des Anforderungsbereiches I beantworten. Beide Schüler versuche ich durch differenzierte Fragen in den Lernprozess einzubinden und ermahne sie zur Aufmerksamkeit.[3]

1.2 Einordnung der Stunde in die Unterrichtsreihe

Die Lehrprobenstunde stellt die sechste Stunde der Unterrichtsreihe „Vegetationsgeographische Aspekte" dar, die insgesamt auf zehn Unterrichtstunde ausgelegt ist. Der Einstieg in die Unterrichtsreihe erfolgte in Rückanbindung an die vorangegangenen Unterrichtseinheiten „Klimatische Aspekte" und „Edaphische Aspekte". Die Abhängigkeiten zwischen Klima, Boden und Vegetation sowie die sich ergebenden kausalgenetischen Wechselwirkungen sind konstitutive Elemente der Reihe. Die Begriffe „Potenzielle natürliche Vegetation" und „Real vorhandene Vegetation" wurden definiert. Im Anschluss wurden die Klimazonen in Form einer tabellarischen Übersicht zur vorherrschenden potenziellen Vegetation in Beziehung gesetzt. Den folgenden Baustein bildete das Thema „Die Vegetationszonen der Erde im Überblick", in dem ausgewählte Vegetationszonen in Bezug auf das in der entsprechenden Region vorherrschende Klima sowie die edaphischen Voraussetzungen analysiert wurden. Grundlage dieser Betrachtung ist die Klimakarte nach Troll/Paffen, die auf der Unterscheidung der Erde in fünf Zonenklimate basiert. Troll/Paffen orientieren sich an der jahreszeitlichen Variation der klimatischen Hauptelemente sowie an den Beziehungen zwischen Klima und natürlicher Vegetation. Ausgehend von den sommergrünen Laub- und Mischwäldern der gemäßigten Breiten gehört die Lehrprobenstunde ebenfalls zu diesem umfangreichen Komplex. Die Betrachtung weiterer Vegetationszonen wie Borealer Nadelwald (Taiga), Tundra, Savanne, Steppe sowie ein Exkurs zu den Wüstenformen schließt sich an. Bei der Behandlung der Vegetationszonen werden die spezifischen ökologischen Anpassungen der ansässigen Pflanzen von Bedeutung sein. Den Abschluss der Reihe bildet das Thema „Veränderungen der potenziellen natürlichen Vegetation durch den Menschen".

1.3 Das Thema

Das Thema „Tropischer Regenwald" bietet eine besondere Faszination, da dieser Raum derart different zu unseren Breiten ist und dadurch so unwirklich erscheint. Der Regenwald ist voller Superlative. Er stellt ein einzigartiges Ökosystem dar, ist der artenreichste Lebensraum der Erde und wirkt in entscheidender Weise auf das Erdklima ein. Das Lehrprobenthema „Die potenzielle natürliche Vegetation im tropischen Regenwald" greift die Besonderheiten dieses Ve-

---

[3] Beide Schüler waren Thema der pädagogischen Konferenz und weitere Schritte (Gespräch mit Tutor, Schulleitung, Eltern) wurden eingeleitet.

getationsraumes auf und verweist auf mehrere Dimensionen: Zunächst muss die Vegetationszone in ihrer Verbreitung sowie der klimatischen und edaphischen Gegebenheiten erfasst werden, um dann die spezifische potenzielle natürliche Vegetation mit ihren besonderen Anpassungsformen zu erarbeiten. Das Thema ist demnach eindeutig im Grenzgebiet Geographie/Biologie anzusiedeln und trägt somit zur fächerverbindenden Bildung bei, die eine Vernetzung von natur- und gesellschaftwissenschaftlichem Denken anstrebt.[4]

Der *Lehrplan* für die Gymnasiale Oberstufe (GOS)[5] sieht unter dem Leitthema „Physisch-geographische Aspekte als Grundlagen der Raumanalyse" den Unterpunkt „Vegetationsgeographische Aspekte" vor. Zu diesen zählen die „Merkmale und Verbreitung der potenziellen natürlichen Vegetation". Das Thema „Immergrüner tropischer Regenwald" stellt einen verbindlichen Lerninhalt dar, der aber auch im Zuge der Bearbeitung des Leitthemas 4 „Brasilien" thematisiert werden könnte. Hier findet sich auch eine Ausdifferenzierung der „Ökologischen Ausgangssituation". Gefordert werden die Behandlung der makro- und mikroklimatischen sowie edaphischen Verhältnisse, des Stoffkreislaufs im tropischen Regenwald, der Struktur des tropischen Regenwaldes und der Anpassungserscheinungen der Pflanzen an die klimatischen und edaphischen Gegebenheiten.[6] Das Thema vervollständigt die Kenntnisse aus Klassenstufe 6[7], in der im Rahmen der Behandlung der feucht-heißen Zonen „Klima und Vegetation des tropischen Regenwaldes" thematisiert werden.[8] In Klassenstufe 9 sind „Klima- und Vegetationszonen" am Raumbeispiel Nigeria vorgesehen.[9] Für das Leitthema 2 „Vegetationsgeographische Aspekte" sieht der Lehrplan die Behandlung in fünf Unterrichtstunden vor, was so nicht realisierbar ist. Der Lehrplan greift hier zu kurz und wird der Bedeutung des Themas in Vorbereitung auf die Betrachtung ausgewählter Raumbeispiele nicht gerecht. Da das Thema „Tropischer Regenwald" bereits in vorangegangenen Klassenstufen thematisiert und im Leitthema 4 „Brasilien" erneut aufgegriffen wird, wird diesem m. E. jedoch genüge getan.

Am Technisch-Wissenschaftlichen Gymnasium Dillingen sind das *Schulbuch* „Fundamente"[10] und der „Diercke Weltatlas"[11] als regelmäßige Arbeitsmaterialien für die Hauptphase einge-

---

[4] vgl. DGfG (2010), S. 7.

[5] MINISTERIUM FÜR BILDUNG, KULTUR UND WISSENSCHAFT (2008): Gymnasiale Oberstufe Saar (GOS). Lehrplan für das Fach Erdkunde (vierstündiger G-Kurs / Neigungsfach). Saarbrücken.

[6] Die Ausführung wird um folgende verbindliche Begriffe ergänzt: Latosol, Sorptionsfähigkeit, Mykorrhiza, Nährstoffkreislauf, Stockwerkbau, Flachwurzler, Brett-/Stelzwurzeln, Artenreichtum, Lianen, Epiphyten, Kronendach, autonome Periodizität

[7] Hierbei beziehe ich mich auf die Lehrpläne fürs Gymnasium. Da die Schüler des Kurses von unterschiedlichen Schulformen kommen, sei hier erwähnt, dass im Lehrplan der Erweiterten Realschule das Thema „Tropischer Regenwald" in Klassenstufe 5 und 7 vorgesehen ist. An der Gesamtschule wird Erdkunde dem Fächerverbund Gesellschaftswissenschaften subsummiert und demnach möglicherweise fachfremd unterrichtet. Der Lehrplan sieht die Behandlung des tropischen Regenwaldes in Klassenstufe 5 und 8 vor.

[8] MINISTERIUM FÜR BILDUNG, KULTUR UND WISSENSCHAFT (2002): Achtjähriges Gymnasium. Lehrplan Erdkunde. Klassenstufe 6. Saarbrücken.

[9] MINISTERIUM FÜR BILDUNG, KULTUR UND WISSENSCHAFT (2005): Achtjähriges Gymnasium. Lehrplan Erdkunde. Klassenstufe 9. Saarbrücken.

[10] KREUS, A./V. D. RUHREN, N. (Hrsg.) (2008): Fundamente. Geographie Oberstufe. Stuttgart/Leipzig: Klett.

[11] DIERCKE WELTATLAS (2002).

führt. Das Lehrwerk bietet das Kapitel „2.3 Ökologische Aspekte in ausgewählten Räumen der Tropen"[12] an, in dem es vorrangig um die Nutzbarmachung des tropischen Regenwaldes durch den Menschen geht. Auf einer Seite wird die Produktivität des Regenwaldes trotz der nährstoffarmen Böden thematisiert.[13] Das Lehrwerk „Diercke Geographie" stellt ein Kapitel „2.2 Immerfeuchte Tropen – Zone der tropischen Regenwälder" zur Verfügung, das im Wesentlichen ebenso die anthropogene Nutzung und die resultierende Zerstörung des Ökosystems behandelt.[14] Der eingeführte Atlas offeriert eine Karte „Erde – potentielle natürliche Vegetation", die die Verbreitung der Vegetationszonen wiedergibt.[15] Der Haack Weltatlas stellt eine Doppelseite „Erde: Klimazonen – Niederschläge – Temperaturen" zur Verfügung, die die Klimakarte nach Troll/Paffen, Vegetationsprofile und Klimadiagramme präsentiert.[16]

In Bezug auf die *Relevanz* des Themas ist zu sagen, dass, fachlich gesehen, ein globaler Überblick über die vegetationsgeographischen Gegebenheiten für die Analyse einzelner Räume unabdingbar ist. Gerade der tropische Regenwald besitzt besondere Charakteristika und eine große Bedeutung für die klimatischen Verhältnisse der Erde. Seine Zerstörung betrifft somit jeden und wird auch in den Medien immer wieder thematisiert, sodass sich für die Schüler darüber hinaus eine lebensweltliche Relevanz ergibt. Die Lehrprobenstunde zielt insbesondere auf die Förderung der „Fähigkeit, Räume unterschiedlicher Art und Größe als naturgeographische Systeme zu erfassen". Die Schüler sollen „Funktionen von naturgeographischen Faktoren in Räumen beschreiben und erklären" sowie „das Zusammenwirken von Geofaktoren und einfache Kreisläufe als System darstellen" können.[17]

Da das gestellte Thema eindeutig die potenzielle natürliche Vegetation in den Mittelpunkt stellt, ergibt sich folgende Vorreduktion: Die real vorhandene Vegetation in Verbindung mit der Nutzbarmachung durch den Menschen wird lediglich im Rahmen der nachbereitenden Hausaufgabe thematisiert. Besondere Nutzungsformen wie Shifting Cultivation, Agribusiness und Ecofarming werden ebenso wie die Folgen der Zerstörung und mögliche Schutzmaßnahmen des tropischen Regenwaldes in die Unterrichtsreihe „Brasilien" verschoben.[18]

1.4 Die Lernvoraussetzungen

Die Lernvoraussetzungen sind insgesamt als heterogen zu bewerten, da die Schüler aus unterschiedlichen Schulformen in die GOS gekommen sind. Aus dem Abgleich der Lehrpläne (vgl. Kap. 1.3) ergibt sich aber, dass alle Schüler bereits Vorkenntnisse zum Thema „Tropischer Regenwald" aus früheren Klassenstufen mitbringen müssten. Insbesondere der Stockwerkbau

---

[12] KREUS, A./V. D. RUHREN, N. (Hrsg.) (2008): Fundamente. Geographie Oberstufe. Stuttgart/Leipzig: Klett, S. 84 ff.
[13] ebd., S. 85.
[14] LATZ, W. (Hrsg.) (2007):Diercke Geographie. Braunschweig: Westermann, S.110 ff.
[15] DIERCKE WELTATLAS (2002), S. 226/227.
[16] HAACK WELTATLAS (2007), S. 218/219.
[17] vgl. DGfG (2010), S. 14.
[18] Die Beschränkung auf die vegetationsgeographischen Merkmale bietet sich an dieser Stelle an, da bei der Behandlung Brasiliens explizit die ökologischen und ökonomischen Problem im Vordergrund stehen (vgl. Lehrplan GOS, S. 28).

müsste den Schülern bekannt sein. Aus den vorangegangenen Unterrichtseinheiten der Hauptphase kennen sie die Charakteristika der klimatischen und edaphischen Gegebenheiten der Tropen, die sie im Rahmen der Lehrprobenstunde zur potenziellen natürlichen Vegetation dieses Raumes in einen kausalgenetischen Zusammenhang bringen sollen. Mit den geplanten Aktions- und Sozialformen sind die Schüler vertraut.

1.5 Die Rahmenbedingungen

Der Unterrichtsraum (711) bietet eine gute Ausstattung und ausreichend Platz. Zwei auseinanderschiebbare Tafeln und eine Projektionsfläche sind fest installiert und können parallel genutzt werden. Hinter der rechten Tafel befindet sich ein stationärer Kartenständer. Mithilfe eines Vorhangs kann eine Verdunkelung vorgenommen werden, falls die Lichtverhältnisse die optimale Sichtbarkeit der Projektion einschränken. Im Raum befindet sich ein Overheadprojektor, der von mir häufig zur Schaubild-/Fotopräsentation genutzt wird. Da im Rahmen der Lehrprobenstunde recht viele Abbildungen zum Einsatz kommen, greife ich auf einen transportablen Beamer und Laptop zurück.

2. Sachanalyse

Im Vorfeld der Sachanalayse, die, von der ökologischen Ausgangssituation des tropischen Regenwaldes ausgehend, den kurz geschlossenen Nährstoffkreislauf sowie die besonderen Anpassungsformen der potenziellen natürlichen Vegetation thematisiert, soll eine kurze Definition gegeben werden: Die potenzielle natürliche Vegetation bezeichnet einen hypothetischen Zustand der Vegetation, der unter den gegenwärtigen Umweltbedingungen in einem Gebiet herrschen würde, wenn der Mensch nicht mehr eingriffe.

2.1 Die ökologische Ausgangsituation des tropischen Regenwaldes

2.1.1 Klima

Die Geoökozone der tropischen Regenwälder erstreckt sich über die gesamte Äquatorialzone (10° n. - 10° s. Br.) mit Ausnahme Ostafrikas sowie der Hochlage der Anden. Es können folgende Kernräume ausgewiesen werden: Amazonastiefland, Kongobecken und Malaiischer Archipel. Somit deckt sich das Verbreitungsgebiet weitestgehend mit der Klimazone der Immerfeuchten Tropen (Köppen/Geiger: Af). Die Äquatorialzone weist über das Jahr hinweg einen hohen Einstrahlungswinkel (nie < 43°) der Sonne auf, was zu ganzjährig hohen Durchschnittstemperaturen (25°C) und zu ausgeglichenen Temperaturverhältnissen führt. Daraus resultiert eine geringe Jahresamplitude zwischen 1-6°C (Isothermie) und das Fehlen thermischer Jahreszeiten (ausgeprägtes Tageszeitenklima). Für

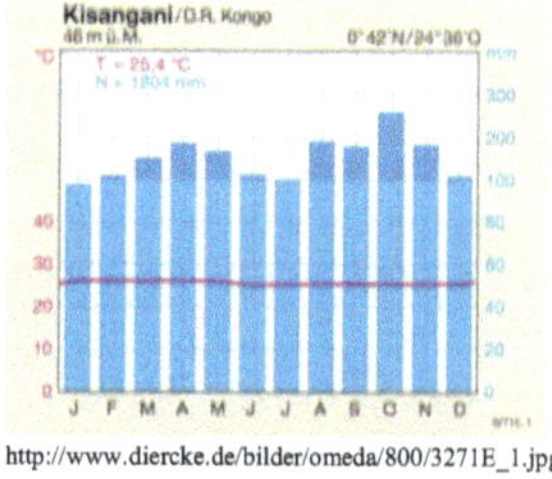

http://www.diercke.de/bilder/omeda/800/3271E_1.jpg

die Witterungsabläufe der Tropen ist die Wanderung des Zenitalstandes der Sonne von besonderer Bedeutung. Mit der Verschiebung des Zenitalstandes zwischen den beiden Wendekreisen geht eine Verschiebung der Innertropischen Konvergenzzone (ITC) einher. Hier treffen die Passate aufeinander, steigen auf und führen zu Konvektionsniederschlägen. „Diese Konvektion ist eine Folge starker Erwärmung durch den hohen Einfallswinkel der Sonnenstrahlen sowie der feuchtlabilen Luftmassen mit ihrer großen Neigung zu Vertikalaustausch."[19] Da die immerfeuchten Tropen ganzjährig im Einflussbereich der ITC liegen, kommt es gleichmäßig über das Jahr verteilt zu ausgiebigen Niederschlägen. Ergänzt werden die Zenitalregen durch nachmittägliche Konvektionsniederschläge, sodass eine jährliche Niederschlagssumme von mindestens 1500mm erreicht wird.

2.1.2 Boden

Den besonders günstigen klimatischen Gegebenheiten stehen ungünstige edaphische Bedingungen gegenüber. Bis auf wenige Ausnahmen, wie junge Böden, die auf vulkanischem Ausgangsgestein entstanden und daher sehr mineralreich sind (Java), oder Alluvialböden (Várzea-Wälder am Amazonas), handelt es sich hierbei um sehr alte Böden, die aufgrund hoher Temperaturen und ständiger Bodenfeuchte einer langanhaltenden intensiven chemischen Verwitterung mit vollständiger Umwandlung des ursprünglichen Mineralbestands ausgesetzt sind.[20] Das Ausgangsgestein ist dadurch tiefgründig zersetzt. Zudem liegt überwiegend das Zweischichttonmineral Kaolinit vor, das eine sehr geringe Kationenaustauschkapazität besitzt. Die Verwitterung bewirkt die in den Tropen typische Anreicherung von Fe-, Mn- und Al-Oxiden (Sequioxiden), was dem Boden seine typische rötliche Färbung verleiht. Es handelt sich um minderwertige Böden, Latosole (Roterdeböden), die mehrere Meter (8-15m) mächtig sind, jedoch einen nur geringmächtigen Ah-Horizont aufweisen. Teilweise kann es zur Ausbildung von Lateritkrusten kommen.

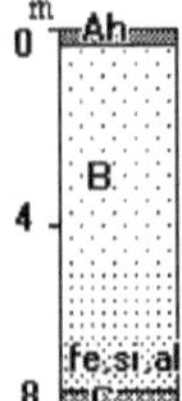

http://www.waireboulder
s.co.nz/geology/formation/
profl0.gif

2.2 Der Nährstoffkreislauf im tropischen Regenwald

Der Nährstoffkreislauf des tropischen Regenwaldes baut auf dem minderwertigen Boden auf und nahezu alle Vorgänge spielen sich über dem Boden ab. Nur eine spärliche Humusschicht ist in der Lage einige Nährstoffe zu liefern. Bei dem Nährstoffkreislauf im tropischen Regenwald handelt es sich um einen kurz geschlossenen Kreislauf. „Das gesamte Kapital des tropischen Regenwald-Ökosystems liegt in seiner Phytomasse und befindet sich in einem stetigen direkten Kreislauf zwischen Auf- und Abbau."[21] Pflanzen verwittern, geben organisches Material ab und können die Nährstoffe direkt wieder aufnehmen. Aufgrund der klimatischen Verhältnisse (hohe Temperaturen und Niederschläge) arbeiten Mikroorganismen sehr effizient und

---

[19] ENGELMANN, D./SCHOLZ, F. (2009): Geoökozonen. Großräumliches Differenzierungsmodell der Erde. Braunschweig: Westermann, S. 105.

[20] vgl. Seydlitz Geographie Materialien für den Sekundarbereich II. Physische Geographie (2010): Braunschweig: Schroedel, S. 148.

[21] KLINK, H. J. (2008): Vegetationsgeographie (Das geographische Seminar). Braunschweig: Westermann, S. 234.

sind in der Lage die hohe jährliche Menge an abgestorbenem organischen Material in kürzester Zeit zu humifizieren und zu mineralisieren.

Mykorrhizapilze sind ein wesentlicher Bestandteil des Nährstoffkreislaufs im tropischen Regenwald. Dabei handelt es sich um Bodenpilze, die sich im oberflächennahen Wurzelgeflecht befinden und den Pflanzen Assimilate (Produkte der Fotosynthese) entziehen. Im Gegenzug zersetzen sie die anfallende Laubstreu, Tierexkremente und andere organische Abfälle, mineralisieren sie und liefern den Pflanzen die benötigten Nährsalze. Des Weiteren filtern die Mykorrhizen aus der durchsickernden Bodenlösung die Nährstoffe heraus („Nährstofffallen") und verhindern damit einen Nährstoffverlust durch Auswaschung. Mykorrhizen und Bäume befinden sich in Symbiose, die durch einen wechselseitigen Stoffaustausch charakterisiert ist. Dieser effiziente Nährstoffkreislauf macht die enorme Biomasseproduktion des tropischen Regenwaldes möglich, die in dieser Form einzigartig ist.

2.3 Die potenzielle natürliche Vegetation im tropischen Regenwald

Der tropische Regenwald „ist die nach Artenzahl und Wuchsleistung üppigste Vegetationsformation der Erde."[22] Seine potenzielle natürliche Vegetation ist charakterisiert durch ein ganzjähriges üppiges Wachstum, eine enorme Artenvielfalt (Biodiversität), bei gleichzeitiger Individuenarmut, und einem kompakten Wuchs. Da über das Jahr hinweg gleichbleibende klimatische Bedingungen vorherrschen (Fehlen thermischer Jahreszeiten), besitzt jede Pflanze ihren eigenen Wachstumsrhytmus (autonome Periodizität). Dies führt zu einer Koexistenz von Laubwechsel, Blühen und Fruchten, die das immergrüne Erscheinungsbild des tropischen Regenwaldes prägt. Das Geoökosystem begegnet den ungünstigen edaphischen sowie den besonderen mikroklimatischen Verhältnissen mit bestimmten Anpassungsformen der Vegetation, ohne die der Artenreichtum nicht zustande kommen könnte.

2.3.1 Stockwerkbau

Die Pflanzen wachsen in einer gewissen vertikalen Ordnung, die als Stockwerkbau (Stratifikation) bezeichnet wird und charakteristisch für das äußere Erscheinungsbild des immergrünen tropischen Regenwaldes ist. Die Staffelung der Vegetation bedingt die optimale Ausnutzung der mikroklimatischen Faktoren, insbesondere des zur Fotosynthese notwendigen Lichts. In der Regel werden folgende Stockwerke unterschieden, die jedoch nicht eindeutig voneinander abgegrenzt sind, sondern ineinander übergehen:

- Krautschicht (Moose, Flechten, Kräuter, Pilze)
- Strauchschicht (Farne, Stauden, junge Bäume)
- Kronenschicht mit ihrem Hauptkronendach in ca. 40 m Höhe
- Überständer („Baumriesen"), die vereinzelt bis in ca. 60 m Höhe über das Hauptkronendach hinausragen (z.B. Mahagoni- und Merantibäume)

---

[22] ebd., S. 233.

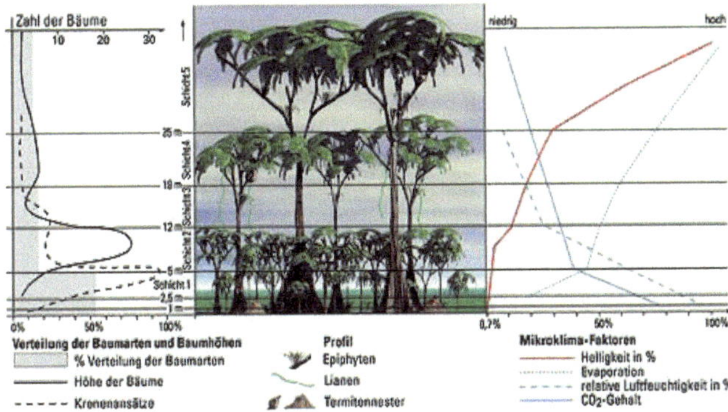

Kreus, A./v. d. Ruhren, N. (Hrsg.) (2008): Fundamente. Geographie Oberstufe. Stuttgart/Leipzig: Klett, S. 85.

Innerhalb der verschiedenen Schichten ändern sich die mikroklimatischen Bedingungen. Die Helligkeit nimmt in Richtung Boden ab, während die relative Luftfeuchtigkeit und der CO_2-Gehalt ansteigen. Die Baumkronen sind hohen Tagesschwankungen angepasst und schützen sich durch lederartige Blätter (xeromorphe Blattstruktur) vor Feuchtigkeitsverlust durch Transpiration. Dagegen sind die Wachstumsbedingungen in den unteren Stockwerken beinahe konstant. Da aufgrund der Dichte der Vegetation nur etwa ein Prozent des Lichts bis in die bodennahen Schichten einfallen kann, ist es hier auch tagsüber dunkel. Die Pflanzen bilden große Blätter aus, um eine maximale Lichtabsorption zu erreichen.

2.3.2 Bäume

Mehr als 70 Prozent der Pflanzen des Regenwaldes sind Bäume, die eine Höhe von bis zu 80 Metern („Baumriesen") erreichen können. Sie haben gerade, hohe Stämme, die sich erst im oberen Drittel verzweigen, was aus dem schnellen Streben nach Licht resultiert. Hochaufragende Bäume werden am Stammfuß durch gewaltige Brett- oder Stelzwurzeln gestützt, die für Stabilität sorgen, sich unterirdisch aber nicht fortsetzen. Um die geringmächtige Humusschicht optimal ausnutzen zu können, handelt es sich bei tropischen Bäumen um Flachwurzler.

Auffallende Merkmale zahlreicher Tropenbäume sind die Kauliflorie (Stammblütigkeit), die Ausbildung von Träufelspitzen (Ablaufen des Niederschlagswassers) und das weitgehende Fehlen von Jahresringen, das auf die ganzjährige Vegetationsperiode zurückzuführen ist.[23] Eine weitere Besonderheit tropischer Bäume ist die sog. Laubschüttung. Hierbei handelt es sich um ein schnelles Blattwachstum während der Knospenentfaltung, sodass die Versorgung mit Festigungselementen (Blattadern) und Blattgrün (Chlorophyll) nicht gewährleistet ist. Die jungen weißlich-roten Blätter und Triebe hängen schlaff herab. Erst nach einigen Tagen ergrünen sie und verfestigen sich. Möglicherweise dient die Laubschüttung dem Schutz der jungen Blätter vor den starken tropischen Regenschauern.[24]

---

[23] vgl. KLINK, H. J. (2008): Vegetationsgeographie (Das geographische Seminar). Braunschweig: Westermann, S. 233/234.

[24] vgl. http://www.botanischer-garten.uni-freiburg.de/tropenhaus.htm (zuletzt abgerufen am 28.10.2011)

Da Wärme und Wasser in ausreichender Menge vorhanden sind, bedingt der „Kampf ums Licht" das Ausbilden besonderer Anpassungsformen. Lianen und Aufsitzerpflanzen (Epiphyten) prägen das Erscheinungsbild der Regenwaldvegetation.

Als Epiphyten werden Pflanzen bezeichnet, die auf anderen Pflanzen wachsen. Sie wachsen auf den Ästen oder in Astgabeln ihrer Trägerpflanzen. Dabei beziehen die Epiphyten ihre Nährstoffe aus dem Niederschlag und dem abfallenden organischen Material. Es handelt sich folglich nicht um Parasiten. Der Vorteil für die Aufsitzer ist die gesteigerte Verfügbarkeit von Licht in den oberen Stockwerken. Beispielhaft zu nennen wären hier Moose, Flechten, Baumfarne, Orchideen und Bromelien (Ananasgewächse).

Bei Lianen handelt es sich dagegen um Kletterpflanzen, die im Boden wurzeln und an Bäumen hochklettern. Sie umwinden dabei den Träger in artspezifischer Drehrichtung, nutzen ihn also als Rankhilfe, ohne ihm Nährstoffe zu entziehen. Die Lianen entgehen so dem Lichtmangel in Bodennähe. Dabei können sie auch Luftwurzeln ausbilden, um eine zusätzliche Wasserversorgung zu gewährleisten.

3. Didaktische und methodische Entscheidungen

3.1 Didaktische Reduktion

Die klimatischen und edaphischen Gegebenheiten der tropischen Regenwälder werden lediglich kurz wiederholt und nicht in Bezug auf die planetarische Zirkulation oder Pedogenese erläutert, da es sich um eine Wiederholung der vorangegangenen Unterrichtsreihen handelt. Innerhalb der Lehrprobenstunde soll es insbesondere um die besondere ökologische Ausgangssituation des tropischen Regenwaldes und die sich daraus ergebenden Anpassungserscheinungen der Vegetation gehen. Es handelt sich hierbei um ein Thema im Grenzgebiet zwischen Erdkunde und Biologie. Biologische Besonderheiten wie Kauliflorie oder Laubschüttung werden nicht thematisiert.

3.2 Lernziele

Stundenlernziel

Die Schüler sollen die naturgeographischen Gegebenheiten sowie die ökologischen Korrelationen im Ökosystem „Tropischer Regenwald" kennen.

Kognitive Feinlernziele

KLZ 1: Die Schüler sollen die klimatischen und edaphischen Gegebenheiten im tropischen Regenwald erklären (AfB 2) *[s. Erwartungshorizont vorbereitende Hausaufgabe]*

KLZ 2: Die Schüler sollen den geschlossenen Nährstoffkreislauf im tropischen Regenwald beschreiben (AfB 1) *[hohe Menge an abgestorbenem organischen Material → schnelle Mineralisierung durch Mikroorganismen → Verhinderung der Ausschwemmung durch Mykorrhizen → Rückführung der Nährsalze an Wirtpflanze (Symbiose)]*

KLZ 3: Die Schüler sollen die potenzielle natürliche Vegetation des tropischen Regenwaldes charakterisieren (AfB 2) *[artenreicher, dichter Wald; immergrüne Pflanzen (autonome Periodizitäten), große Wuchshöhen]*

KLZ 4: Die Schüler sollen die Anpassungserscheinungen der Pflanzen an die naturräumlichen Bedingungen des tropischen Regenwaldes erläutern (AfB 2) *[Wettbewerb um Nährstoffe und Licht, Stockwerkbau, Epiphyten, Kletterpflanzen, lederartige Blätter in der Kronenregion (Transpirationsschutz), große Blätter in unteren Stockwerken (Lichtabsorption), Flachwurzeln zur Ausnutzung der geringen Humusschicht, Brett- und Stelzwurzeln zur Gewährleistung der Stabilität]*

KLZ 5: Die Schüler sollen die Konsequenzen der anthropogenen Nutzung des tropischen Regenwaldes beurteilen (AfB 3) *[s. Erwartungshorizont nachbereitende Hausaufgabe]*

Weitere Lernziele

ILZ: Die Schüler verbessern ihre Fähigkeiten, aus bereitgestelltem Material relevante Informationen zu entnehmen (Instrumentales Lernziel).

3.3 Begründung des methodischen Vorgehens

Der Einstieg in die Lehrprobenstunde erfolgt über eine Zuordnung von Abbildungen an der Weltkarte. Der Kurs zeigte bisher einige Mängel im Bereich der Orientierung auf der Erde, sodass ich dazu übergegangen bin, in nahezu jeder Stunde eine passende Weltkarte einzusetzen, um die Schüler in dieser Hinsicht zu fördern. Im folgenden Schritt werden die vorbereitenden Hausaufgaben explizit in die Stunde eingebunden. Dieses Vorgehen ist begründet in der Reihenkonzeption, die die Korrelationen zwischen Klima, Boden und Vegetation fokussiert. Die Schüler sollen auf diese Weise dazu angehalten werden, die kausalgenetischen Zusammenhänge zu erkennen. In der Gegenüberstellung ergibt sich ein eindeutiger Widerspruch, sodass die Zielsetzung der Stunde, nämlich das Erarbeiten der Gründe für das Vorhandensein einer derart üppigen Vegetation trotz der teilweise widrigen Bedingungen, transparent wird.

Anhand eines Schaubildes sollen die Schüler den kurz geschlossenen Nährstoffkreislauf erläutern. Mit Schaubildern dieser Art sind die Schüler in der Vergangenheit gut zurechtgekommen. Die Erarbeitung der verschiedenen Anpassungsformen erfolgt in materialgestützter Partnerarbeit. Die Schüler sollen sich in dieser kooperativen Kleinform mit dem Schaubild-, Foto- und Textmaterial auseinandersetzen. In der Lehrprobenstunde kann so eine anschauliche Annäherung an diesen fremden Raum gewährleistet werden.

Bis auf den kurzen Sozialformwechsel in die Partnerarbeit ist die Stunde eher lehrerzentriert konzipiert. In Anbetracht der Tatsache, dass die Schüler der Lerngruppe unterschiedliche Lernstände mitbringen, da sie von unterschiedlichen Schulformen kommen, und aufgrund der eher geringen Leistungsstärke des Kurses habe ich mich zu diesem Vorgehen entschieden.

3.4 Lernerfolgskontrollen

Die erste Lernerfolgskontrolle erfolgt im Anschluss an die Erarbeitungsphase 1. Die Schüler sollen die Aussage *„Der Regenwald lebt aus sich selbst"* im Hinblick auf den zuvor besprochenen geschlossenen Nährstoffkreislauf erläutern. Am Ende der Stunde findet die zweite Kontrolle des Lernerfolgs statt. Auch hier sollen die Schüler eine Aussage (*„Der üppige Pflanzenbewuchs des Regenwaldes ist nicht etwa die Folge besonders günstiger Bodenbedingungen, sondern vielmehr das Resultat eines Kampfes ums Überleben."*) erläutern. In beiden Fällen sind die Schüler gefordert, die erlernten Sachverhalte zu abstrahieren und in eigenen Worten strukturiert wiederzugeben.

3.5 Hausaufgaben[25]

Vorbereitende Hausaufgabe

Die vorbereitende Hausaufgabe hat zum Ziel, die Erarbeitung in der Stunde insofern zu entlasten, als den Schülern die klimatischen und edaphischen Bedingungen der Tropen bereits bekannt sind. Sie greift somit die Konzeption der gesamten Unterrichtsreihe auf und zielt auf eine Verschränkung der Lernbereiche ab.

Nachbereitende Hausaufgabe

Die nachbereitende Hausaufgabe stellt eine Problematisierung der in der Stunde erarbeiteten Lerninhalte dar. Die Schüler sollen die Stabilität bzw. Anfälligkeit des Geoökosystems tropischer Regenwald beurteilen und dabei die anthropogenen Einflüsse berücksichtigen.

3.6 Tafelanschrift[26]

Das Tafelbild enthält sowohl die Inhalte der von den Schülern zu erledigenden Hausaufgabe als auch die zu erarbeitenden Inhalte der Stunde. Es geht in seiner Struktur von der ökologischen Ausgangssituation (klimatische und edaphische Gegebenheiten) des tropischen Regenwaldes aus (vorbereitende Hausaufgabe), um im Folgenden die zur Ausbildung einer derart üppigen und artenreichen Vegetation notwendigen Anpassungserscheinungen darzustellen.

---

[25] Aufgabenstellung und Erwartungshorizont siehe Anhang 6.3
[26] Um einer möglichen Überfrachtung entgegenzusteuern und seine Realisierung zu gewährleisten, ist das Tafelbild im Anhang auf Wunsch des Fachleiters handschriftlich verfasst worden.

4. Stundenverlauf

4.1 Gliederung der Stunde[27]

US	Zeit	LZ	Artikulationsschema/ Lehrer-Schüler-Interaktion	SF	AF	Medien
1	10.15- 10.18 [3']		Begrüßung **Einstieg** S ordnen Abbildungen der Weltkarte zu	KV	SB	Abbil- dungen Wand- karte
2	10.18- 10.20 [2']		**Hinführung** Verbreitungsgebiete des tropischen Regenwaldes „Grüner Gürtel"	KV	f-e-U	PPF 1 Tafel
3	10.20- 10.26 [6']	KLZ 1	**Einbindung der vorbereitenden Hausaufgabe** S erklären klimatische und edaphische Gegebenheiten der Verbreitungsgebiete → integrative Sicherung im TB S bewerten die Bedingungen [*Klima* → *positiv; Boden* → *negativ*]	KV	f-e-U	Tafel
4	10.26- 10.33 [7']	KLZ 2	**Zielangabe** Trotz dieses scheinbaren Widerspruchs entwickelt sich eine derart üppige Vegetation, was bedeutet, dass sich Anpassungen entwickelt haben müssen. **Erarbeitung I** S erläutern den kurz geschlossenen Nährstoffkreislauf → integrative Sicherung im TB	KV KV	LV f-e-U	 PPF 2/3 Tafel
5	10.33- 10.35 [2']		**LEK** *„Der Regenwald lebt aus sich selbst."* S erläutern die Aussage	KV	SB	PPF 4
6	10.35- 10.43 [8']	KLZ 3+4 ILZ	**Erarbeitung II** Anpassungsformen der Vegetation an Kli- ma/Lichtverhältnisse/edaphische Verhältnisse S erarbeiten Anpassungsformen mithilfe des Materials	PA	SA	Arbeits- blatt
7	10.43- 10.55 [12']		**Sicherung** S stellen Arbeitsergebnisse vor → integrative Sicherung im TB	KV	SB	Tafel PPF 5/6
8	10.55- 10.58 [3']		**LEK** *„Der üppige Pflanzenbewuchs des Regenwaldes ist nicht* *etwa die Folge besonders günstiger Bodenbedingungen,* *sondern vielmehr das Resultat eines Kampfes ums Über-* *leben."* S erläutern die Aussage	KV	SB	PPF 7
9	10.58- 11.00 [2']	KLZ 5	**Problematisierung** Stabilität/Anfälligkeit des Geoökosystems Konsequenzen der anthropogenen Nutzung des Regen- waldes (nachbereitende Hausaufgabe)	KV	LV	Arbeits- auftrag

---

[27] **Verwendete Abkürzungen:** Lehrer (L), Schüler (S), Aktionsformen (AF), Schülerbeiträge (SB), Schülerarbeit (SA), fragend-entwickelnder Unterricht (f-e-U), Unterrichtsgespräch (UG), Lehrervortrag (LV), Sozialformen (SF), Einzelarbeit (EA), Partnerarbeit (PA), Klassenverband (KV), Tafelbild (TB), Powerpointfolie (PPF)

<u>4.2 Zu erwartende Schwierigkeiten und Lösungsmöglichkeiten</u>

Die größten Schwierigkeiten der Lehrprobenstunde könnten im Faktor Zeit liegen. Durch die Vorentlastung der vorbereitenden Hausaufgabe liegt der Fokus der Stunde auf der Erarbeitung der Besonderheiten der potenziellen natürlichen Vegetation des tropischen Regenwaldes. Sollte sich während der Stunde zeigen, dass die Partnerarbeitsphase zeitlich zu kurz dimensioniert ist, werde ich den Schülern an dieser Stelle mehr Zeit einräumen und die Sicherung an der Tafel verkürzen. Da die Schüler sich während der PA ohnehin Notizen machen und diese im Zuge der Besprechung ergänzen können, ist es nicht unbedingt erforderlich Einzelbeispiele ins Tafelbild aufzunehmen. Es erscheint mir dann zielführender, der Vorstellung der Arbeitsergebnisse durch die Schüler die entsprechende Zeit zu geben.

5. Literaturverzeichnis

Bildungsstandards und Lehrpläne

Deutsche Gesellschaft für Geographie (Hrsg.) (2010): Bildungsstandards im Fach Geographie für den Mittleren Schulabschluss – mit Aufgabenbeispielen –. Bonn: Selbstverlag DGfG.

Ministerium für Bildung, Kultur und Wissenschaft (2008): Gymnasiale Oberstufe Saar (GOS). Lehrplan für das Fach Erdkunde (vierstündiger G-Kurs / Neigungsfach). Saarbrücken.

Ministerium für Bildung, Kultur und Wissenschaft (2005): Achtjähriges Gymnasium. Lehrplan Erdkunde. Klassenstufe 9. Saarbrücken.

Ministerium für Bildung, Kultur und Wissenschaft (2002): Achtjähriges Gymnasium. Lehrplan Erdkunde. Klassenstufe 6. Saarbrücken.

Schulbücher und Atlanten

Diercke Weltatlas (2002). Braunschweig: Westermann.

Haack Weltatlas (2007). Stuttgart, Gotha: Klett.

Kreus, A./v. d. Ruhren, N. (Hrsg.) (2008): Fundamente. Geographie Oberstufe. Stuttgart/Leipzig: Klett.

Latz, W. (Hrsg.) (2007):Diercke Geographie. Braunschweig: Westermann.

Seydlitz Geographie Materialien für den Sekundarbereich II. Physische Geographie (2010): Braunschweig: Schroedel.

Fachwissenschaftliche und allgemeinpädagogische Literatur

Beck, L. et. al. (1997): Bodenbiologie tropischer Regenwälder. In: Geographische Rundschau 1/97, S. 24-31.

Engelmann, D./Scholz, F. (2009): Geoökozonen. Großräumliches Differenzierungsmodell der Erde. Braunschweig: Westermann.

Klink, H. J. (2008): Vegetationsgeographie (Das geographische Seminar). Braunschweig: Westermann.

Mattes, W. (2002): Methoden für den Unterricht. Paderborn: Schöningh.

Richter, M. (2001): Vegetationszonen der Erde. Gotha/Stuttgart: Klett-Perthes.

Fachdidaktische Literatur

Haubrich, H. (Hrsg.) (2006): Geographie unterrichten lernen. Die neue Didaktik der Geographie konkret. München, Düsseldorf, Stuttgart: Oldenbourg Schulbuchverlag.

Haubrich, H. et al. (1997): Didaktik der Geographie konkret. München: Oldenbourg Verlag.

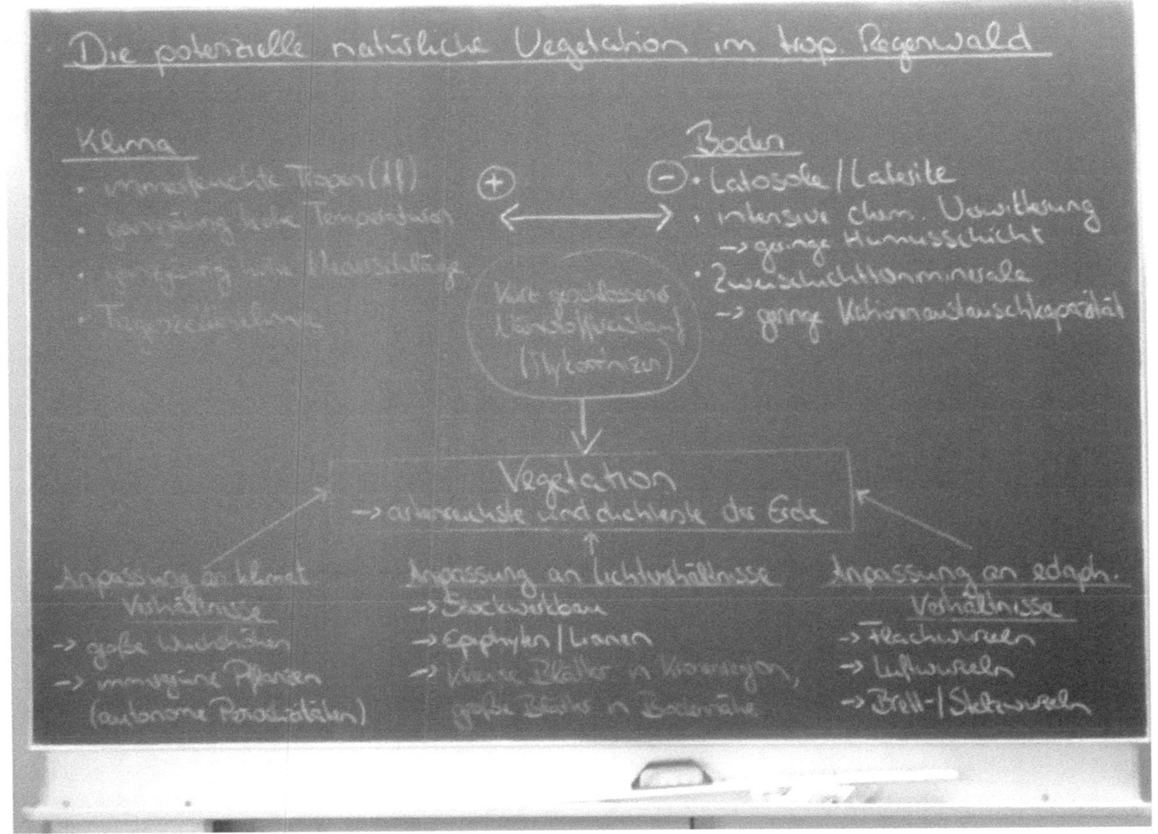

Die potenzielle natürliche Vegetation im trop. Regenwald

Klima
• immerfeuchte Tropen (If)
• ganzjährig hohe Temperaturen
• ganzjährig hohe Niederschläge
• Tageszeitenklima

Boden
⊖ • Latosole / Laterite
• intensive chem. Verwitterung
→ geringe Humusschicht
• Zweischichttonminerale
→ geringe Kationenaustauschkapazität

Kurz geschlossener Nährstoffkreislauf (Mykorrhizen)

Vegetation
→ artenreichste und dichteste der Erde

Anpassung an klimat. Verhältnisse
→ große Wuchshöhen
→ immergrüne Pflanzen
(autonome Periodizität)

Anpassung an Lichtverhältnisse
→ Stockwerkbau
→ Epiphyten / Lianen
→ kleine Blätter in Kronenregion, große Blätter in Bodennähe

Anpassung an edaph. Verhältnisse
→ Flachwurzeln
→ Luftwurzeln
→ Brett- / Stelzwurzeln

6.2 Hausaufgaben mit Erwartungshorizont

Vorbereitende Hausaufgabe

(1) Erläutere die **klimatischen Bedingungen** im tropischen Regenwald.
     a. Erläutere das Makroklima des tropischen Regenwaldes unter Berücksichtigung der globalen Zirkulation der Atmosphäre.
     b. Beschreibe und begründe das Mikroklima, das heißt das Klima der bodennahen Luftschichten bis etwa 3 m Höhe, im Regenwald hinsichtlich der Klimaelemente Temperatur, Niederschlag, Luftfeuchte und Lichteinfall (Fundamente, S. 85 M 3).

(2) Erläutere die **edaphischen Bedingungen** im tropischen Regenwald.
        Nenne die typischen Böden der Tropen und beschreibe deren Profil.
     b. Erläutere die Eigenschaften der tropischen Böden.

Makroklima:

- *ganzjährig hohe Niederschläge, Jahresniederschlag über 1500 mm*
- *Einfluss des Passatkreislaufs; stärkste Erwärmung im Bereich des Zenitstands der Sonne, aufsteigende Luftbewegung, hohe Verdunstung, Abkühlung der mit Wasserdampf beladenen Luft beim Aufsteigen, Kondensation, Wolkenbildung, Zenitalregen*
- *ganzjährig hohe Strahlunsgsintensität (Einstrahlungswinkel nie < 43°)* → *ganzjährig hohe Temperaturen (Durchschnittstemperatur um 25 °C)*
- *Tagesschwankungen der Temperatur größer als die Jahresschwankungen: Tageszeitenklima*
- *Ganzjährig hohe Luftfeuchte (Wärmegewitter, Mittagsregen)*

Mikroklima:

- *Extrem hohe Luftfeuchte (über 90%) wegen starker Verdunstung*
- *Lichtmangel in den unteren Schichten des Regenwaldes wegen dichter Vegetation: Lichteinfall wird mit zunehmender Bodennähe immer geringer (1-3 % des Sonnenlichtes kommen in Bodennähe an)*
- *Temperaturschwankungen werden in den unteren Schichten geringer*
- *Niederschläge werden vom Kronendach zum größten Teil abgefangen*

Boden:

- *Latosol/Laterit (Ah-$B_{al,fe}$-C)*
- *Intensive chemische Verwitterung aufgrund hoher Temperaturen und hoher Niederschläge* → *vollständige und tiefgründige Mineralisierung* → *geringer Humusgehalt*
- *Überwiegender Anteil an Zweischichttonmineralen* → *geringe Kationenaustauschkapazität*
- → *Unfruchtbarer, minderwertiger Boden*

> Beurteile die Stabilität bzw. Anfälligkeit des Geoökosystems „Tropischer Regenwald". Gehe dabei auch auf die Folgen der Nutzbarmachung durch den Menschen ein.

Das System ist vor allem deshalb so anfällig, weil es auf dem kurz geschlossenen Nährstoffkreislauf und damit auf dem Vorhandensein von Mykorrhizen basiert. Wird dieser Kreislauf bspw. durch Brandrodung unterbrochen, wird das System instabil. Der Boden ist hierbei der limitierende Faktor für eine landwirtschaftliche Nutzung. Die meisten Böden der immerfeuchten Tropen können in der Regel nur wenige Jahre genutzt werden, da der Nährstoffkreislauf – im Falle der Brandrodung – durchbrochen wird und die Erträge rasch sinken. Der Versuch, den Mangel an Nährstoffen durch Düngung zu ersetzen, findet seine Grenzen im geringen Sorptionsvermögen und der geringen Austauschkapazität. Wird mehr Dünger zugeführt, geht dieser mit dem Sickerwasserstrom unverwertet in tiefe Bodenschichten bzw. ins Grundwasser über, wo er für die Pflanzenwurzeln nicht mehr erreichbar ist.

6.3 Abbildungen Einstieg

Foto ①

Foto ②

http://www.matuschek.net/pic/2005--ecuador--CRW_5356.jpg/144/blick_auf_das_regenwalddach/

Foto ③

aus: Westermann Arbeitsblätter für den Erdkundeunterricht

6.4 Powerpointfolien

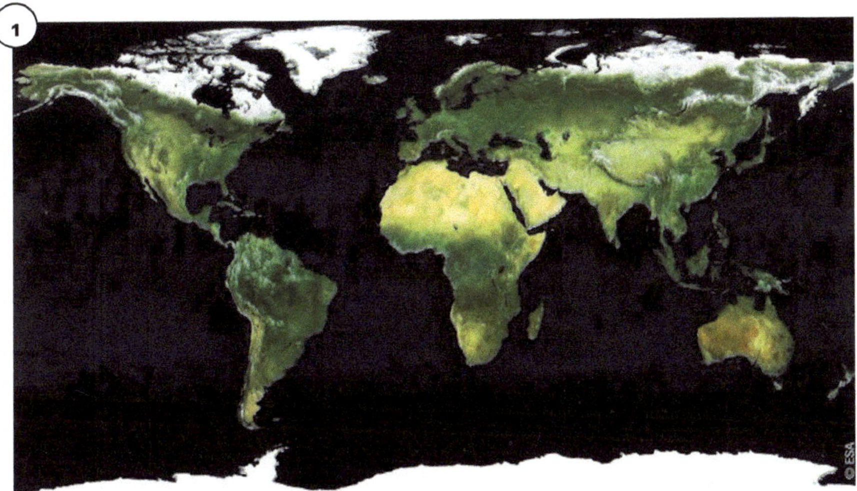

http://satgeo.zum.de/satgeo/methoden/esa_kit/Kit_2/Bild%2011.jpg

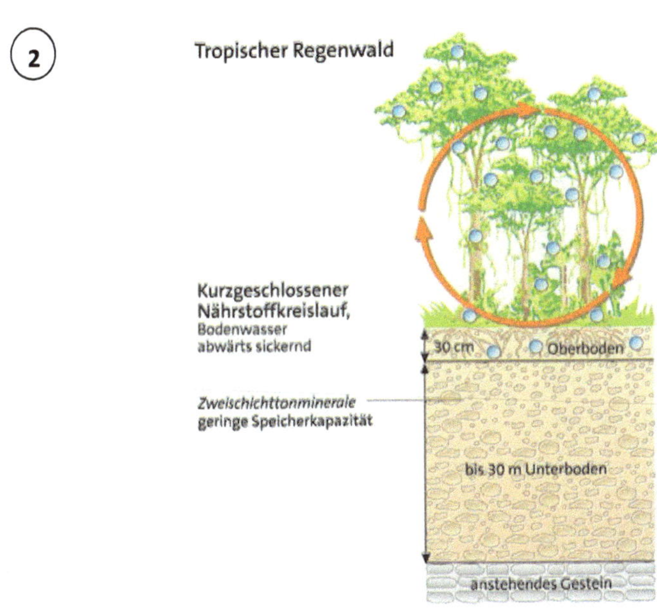

aus: copy@work. TERRA Erdkunde „Geologie". Kopiervorlagen mit CD-ROM Klasse 5-13.

(3)

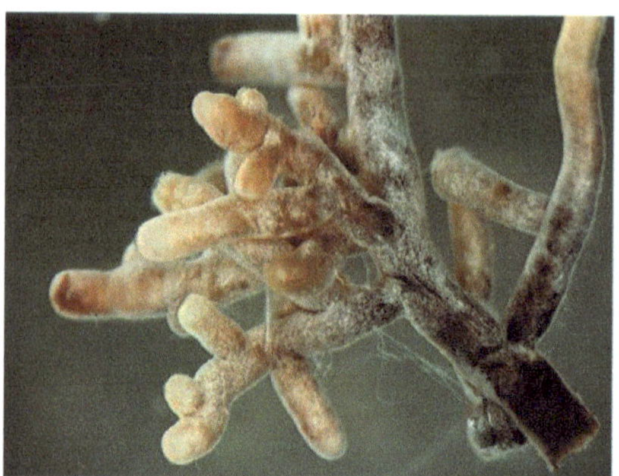

http://upload.wikimedia.org/wikipedia/commons/a/a5/Mycorrhizal_root_tips_%28amanita%29.jpg

(4)

„Der Regenwald lebt aus sich selbst.“

(5)

http://www.mongabay.com/images/lianas.gif

6

http://de.wikipedia.org/w/index.php?title=Datei:Bromeliaceae20020312.JPG&filetimestamp=20060606185342

7

„Der üppige Pflanzenbewuchs des Regenwaldes ist nicht etwa die Folge besonders günstiger Bodenbedingungen, sondern vielmehr das Resultat eines Kampfes ums Überleben.“